U0313260

吃遍上海滩

颖子　晓辰/著

文汇出版社

有爱美食. 可我最沉迷我美食.
到上海我好吃的. 我会想到题
子和晚辰, 这两美食主播为
帮我找到最地道最好吃的！要
吃的你, 记得支持《吃遍上海滩》.

舌尖上的上海, 这是给吃货们无
限的收获, 有及计周味精致的各国美食,
更蕴藏着半帮菜独家的韵味, 想再来
上海做地道的食客, 一定带上《吃遍
上海滩》!

爱吃家族
光货天堂
好吃且不胖
一起"吃遍上海滩"

2013. 10. 28

我认识了两个吃了吃不胖
的美食主播. 把推荐的美食差点
令人没胃口. 下回上海找我
美食我就吃好菜着"吃遍上海滩"
了！

颖子：
有如上海美食的引子
總能把人引入意想不到的美食之中！！羅文絡

即使在他乡
也忘不掉疯上海滩
寻找熟悉的味道
一台有份 美起水贼

拥抱美食
找到《吃遍上海滩》

想为作者改组
書店一
吃光上海滩！
常乐行

爱吃的人 "上海滩"
絶对是你不可错过的地方！
上海滩好吃的
跟着颖子 就是就对了！！！

爱吃家族：
吃出品味：
吃出爱！
一起"吃遍上海滩"

D目录
Directory

熟悉的
陌生人

面朝大海
虾肥蟹壮

不怕辣
辣不怕

小身材
大味道

跟着我
有肉吃

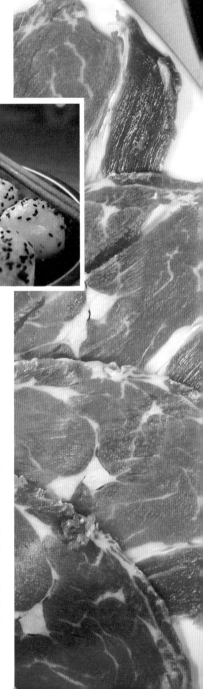

文艺青年请进
特2青年慎入

"甜甜"想你
天天"闻"你

心碎离开
转身回到最初荒凉里等待
为了寂寞
是否找个人填心中空白

我们变成了世上
最熟悉的陌生人

心碎离开 转身回到最初荒凉里等待
我们变成了世上最熟悉的陌生人

一茶一坐（港汇店）

地址：上海市虹桥路1路恒隆港汇广场6楼

电话：021-6448 1230

交通：公交93、572、830、836路等，轨交1号、9号、
11号线徐家汇站。

HOW 美食攻略地图

在太多商场购物的时候
都会看到
一茶一坐醒目的招牌，
但看到更多的是
门口排队的人群。
不知在何时，
一茶一坐已经在上海
开了近四十家门店。
好吃的秘密究竟何在？

好友张志林推出一张名叫《爱情厨男》的唱片，把音乐和美食融合在了一起。音乐型男加上美食厨男，张志林一下子成了我们眼中新好男人。说起如何修炼这身好厨艺，张志林说，他的师傅是一茶一坐的行政总厨黄启云老师，而学到的两款拿手菜就是麻油鸡和焦糖布丁。

井然有序的厨房，每一款菜品都有对应的标签，每一个瓶瓶罐罐都有自己的名字。这与我们想象中一般餐厅杂乱的厨房大相径庭。

在一茶一坐厨房没有一位员工是真正的厨师。可正因为这样，每一个人都是厨艺大师。

经过一茶一坐员工的指导，张志林来到了料理台前，要做一款属于"爱情厨男"的"张式麻油鸡"

张志林说要做好麻油鸡，必须用来自台湾的黑麻油充分煸炒姜片，才能让鸡肉在拥有麻油香味的同时，吃不出任何腥味。

麻油鸡的每一块鸡肉全部选用鸡腿肉的位置，让喜欢吃鸡却又怕吐骨头麻烦的食客有了痛快的享受。

当然啦，装盘的容器超级重要哦！底下能够不断加热的器皿可以保证你吃到的每一口都如同刚刚出锅一般新鲜。

焦糖布丁是一茶一座的人气产品，不仅因为它造型可爱，而且口感也深受小朋友喜欢。熬焦糖绝对是制作这款甜品的重头戏。从糖放入锅中加热的那一刻起，就必须不断搅拌。这样的焦糖才能在有焦香味道的同时又不会出现苦味。做布丁也需要半蒸半烤的方法，才能让布丁软绵细滑。

【特别推荐】
"三杯系列菜"是台湾料理的精华。三杯中卷无论是从颜色还是还是口感，都是一道很好的下饭菜。

【TIPS】
三杯：米酒一杯，香油一杯，酱油一杯。

花隐怀石料理

地址： 上海市肇嘉浜路1111号美罗城8楼

电话： 021-6422 9912、6422 9913

交通： 公交43、50路、徐闵线等，轨交1号、9号、11号
线徐家汇站

HOW
美食攻略地图

【温馨提醒】
如果你在浦东，
你可以去张杨店!
花隐怀石料理张杨店
上海市浦东新区张杨路500号
华润时代广场8楼
电话：021-68361206
021-68361218

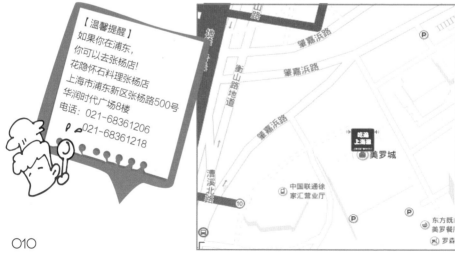

　　第一次听到这个店名，莫名地好奇起来。日本料理店吗？应该不那么简单，应该有点"玄机"在其中。后来，知道怀石料理是日本料理中的顶级代表。在花隐怀石料理里用餐，你会发现装潢的花艺、餐盘的陶艺、美食的厨艺都被揉捏在了一起，找寻到了食物的原味，有种最初简单清新淡雅。

【怀石料理与佛教禅宗的故事】

　　故事起源于日本京都的寺庙。说的是有一批修行中的僧人，在戒规下清心少食，吃得十分简单清淡，但却有些饥饿难耐，便把温暖的石头抱在怀中，以抵挡些许饥饿感，因此有了"怀石"的名称。演变到后来，它逐渐发展出一套精致讲究的用餐规矩，成为了一种精致的料理，为日本料理的殿堂之作。

　　怀石料理风格是"色、香、味、形、器"具备。这样的就餐是优雅从容的，整套餐点从前茶、色拉、刺身、主餐、和风主食、甜点、饮料依次呈上，最特别的是每道菜都有鲜花装饰，给人一种视觉的惊喜。

喜欢一个餐厅的理由有很多，花隐如果让我定义就是坚持。"一期一会"的初衷，将许多名贵的食材用在了它的菜式中。不得不提的就是有"鱼类中的法拉利"之称的金枪鱼，这是金枪鱼身上最柔软鱼腩部分，整整两片厚切优质鱼腩肉质肥厚，口感顺滑。TORO黑鲔腩是最嫩的一块肉，在点菜单里面属于"珍馐"，这种珍贵的食材，吃上去入口即化。当然，让我们觉得最好玩的有"内涵"地方，就是"抹茶道"。这是最能体现怀石料理精髓之所在，是整个用餐中将"怀石"精神体现到极致的仪式。

【特别推荐】

刺身荟萃

经典刺身拼盘，精选当季生鲜食材，搭配主厨匠心独具的高雅摆盘，"突突"蒸发的干冰烟雾缭绕，犹如蓬莱仙境。厚切鲑鱼、厚切鲔鱼、牡丹虾、北极贝、花枝、鲜贝，荟萃种种时令海鲜，品类丰富。

冷月紫米

上选的血糯米熬煮后冷却，当季新鲜芋头慢火熬煮，熬成甘甜黏稠温暖的芋泥。新月状的月白陶制盛器，紫色的糯米泥，上覆球状的米色芋泥，深浅配色，如淡雅的日式素描绘画。入口冷热搭配，软糯顺滑。

主餐过后，亲切有礼的服务员将整套茶道用具恭敬端上，用"一刷二转三品"的方式先优雅地将抹茶粉调制成茶水，再恭敬地邀你品尝。第一杯茶是要敬送给当桌的主人的哟。当然品尝时也大有讲究：敬茶时茶杯上印有花纹的一面必须面朝主人，以示敬重；主人在喝茶时也会将茶杯的花纹再转过去面对客人，表示对客人的尊重。"转茶"这个细节具体入微地表现了怀石文化的精致和礼仪，庄重的仪式感和虔诚的敬意让主客双方倍受尊崇。

【TIPS】
如果你持有"花隐贵宾卡"，可以在预定的时候亲自试试好玩的抹茶道哟！

王品台塑牛排（正大广场店）

地址： 上海市陆家嘴西路168号正大广场8楼(近东方明珠)

电话： 021-5830 1310、021-5830 1320

交通： 公交81、82、85路等，轨交2号线陆家嘴站

HOW
美食攻略地图

在上海找吃牛排的地方，王品台塑一定是很多人的推荐。它的经典无需多言，以牛排闯荡天下的餐厅，俘获了不少食客。

对王品印象深刻，起初是因为那些数字。精选牛的第6~8对肋骨上的牛小排，每头牛仅供6客，秘制卤汁浸泡腌制60小时到72小时，250摄氏度的烤箱内浸泡入卤汁烘烤1小时至全熟……原来，餐盘里的那块牛排不那么简单。

我最喜欢去王品正大店。喜欢的理由有很多：色泽明亮，格调淡雅气派；东西选料极其讲究，出品也是赏心悦目；服务生彬彬有礼，细致体贴……最特别的是可观外滩夜景的落地大窗，可以制造出许多绚烂的爱情故事。

【特别推荐】

王品经典台塑牛排

油花分布均匀，以特殊主厨秘
制佐料腌浸，再以高温烘烤出软
嫩多汁的全熟牛排。贴心的服务员会帮你
剔除掉牛骨，并将牛排细切至小块。搭配
的酱汁可以机动使用，建议先品几块原味
牛排再蘸酱。

普罗旺斯果蔬沙拉

树枝饼干搭配乳酪酱，包裹什锦蔬菜片，
浓醇香脆，红提、蜜瓜、奇异果、淋上百
香果酱，酸甜爽口

【制造浪漫】（本故事纯属虚构，如有雷同纯属巧合）

铺上精致的桌布，边上摆着粉纱裹成的罗马柱，点燃温馨浪漫的蜡烛，就如同一场小型的婚礼。情意浓浓的灯光里，手捧蜡烛的工作人员站在两侧，齐声唱着求婚曲。

穿着厨师服，深情款款地把藏着戒指的钢盖托盘放在女友面前。用餐成为一种享受，把食物咀嚼成幸福感……

LAMU慕新香榭铁板烧(华润时代店)

地址：上海市张杨路500号华润时代广场8楼(近南泉北路)

电话：021- 5858 1309、5858 1379

交通：公交119、792路等，轨交9号线商城路站

HOW
美食攻略地图

【温馨提醒】
在浦西你也可以找到美罗城店
肇嘉浜路1111号美罗城8楼
电话：021-64229936

说起铁板烧，也许你早已不再新鲜。可是你有没有体验过"法式铁板烧"？精致高端如法国大餐般的料理……从生到熟、从食材到艺术品的蜕变，绝不仅仅是味觉上的单一享受。

走进LAMU，像是到了美食节目的录影棚，绚烂迷离的灯光，铁板台桌上蓝色的光带，时尚无限。之后的就餐，更是一出法国大餐爱上铁板烧的"浪漫戏码"的上演。看着师傅娴熟操作，刀起铲落，各种原料、汁酱在铁板上"舞动"，香浓的酱汁、醇熟的煎制、高级的食材，散发的香气，刺激着你的味蕾……

换身装，不会做饭的我有没有点点厨师范儿？制造机器猫最爱的铜锣烧，看似简单却很难。难在打造好看的形状，难在翻的那一瞬间，难在不能烤焦。好吧，我承认经历风雨，才会有好看又好吃的杰作诞生。不过，就像赵咏华的歌里唱道：不许他嫌炒蛋太老，面包太焦，我要他一口一口把我的爱吃完……亲自打造的意义和惊喜不就如此嘛。

铁板上最酷炫的事情就是"喷火"，可是你知道吗？拿着点火枪的真把手伸上去的那一刻，是害怕的。

【特别推荐】

炙烧龙虾
精选一整只龙虾炙烧，在铁板烧的烘煎，
保留了它的原味，让龙虾肉变得肉质弹
牙、鲜嫩可口，搭配蒜香奶油酱和蜂蜜
芥末酱，口感鲜甜。

澳洲和牛
偏爱肉类的食客可以选择澳洲和牛作为
主餐。精选于澳洲进口顶级和牛，且仅
取用牛小排的第三肋至第五肋，肉质嫩
而多汁，油花密而平均。油花在摄氏25
度便会融化，带来入口即化的口感……
建议搭配羊肚菌菇酱汁一起食用。

衡山马勒别墅中餐厅

地址：上海市陕西南路30号马勒别墅饭店1楼(近延安中路)

电话：021-6247 8881

交通：公交24、48、71、104、127路等

HOW
美食攻略地图

陕西南路上的马勒别墅算是上海一段历史延续的标签，高低不一的攒尖顶、四坡顶、墙凹凸多变，棱角起翘，是一座精致多变、三层斯堪的那维亚式挪威风格建筑，宛如童话世界里的城堡。

梁咏琪有首歌唱到：我要一种感觉，一辈子不厌倦……在马勒别墅和对的人一起就餐就有这份感觉。豪华装修的私人用餐包间，陈设着一系列典雅精致的艺术品，精致豪华的装潢搭着精致广东菜肴和特色本帮菜，绝对制造浪漫。

说起马勒菜肴，是吃文化、吃营养、吃情调。马勒迎宾碟就很是有讲究：左下方的马头代表了马勒别墅的欢迎，而盘子里面的精致美食不仅是第一道菜，也是一年四季中最时令的食材制作而成，是整套菜肴的领军。

我最喜欢的是马勒别墅的花园。彩色花砖铺地，龙柏、雪松等名贵花木，中间是一片草坪；远处还有池塘，树木倒映在水中。坐在那里，喝个英式下午茶，绝对是一种享受。

【美食推荐】

三葱爆龙虾

所谓三葱，就是京葱、洋葱、小香葱。这三种葱的香味各有不同，将这三种葱在锅中略微爆一下，使得各种葱的香味溢出，再同龙虾一起烹制，这时龙虾的清甜和三葱的香味甜味相融合，食用后香味长久不散。

桑巴明虾

这是多种风味及多种工艺制作合成的一道菜肴，明虾用中式制作方式腌制，拍上天妇罗粉，装盘时调味用的是东南亚风味的桑巴酱，明虾质地松脆，调料甜酸微辣，配以西式的岂司烤面包片，整个菜肴是一个大融合。

拉亚汉堡(商城路店)

地址： 上海市商城路889号B3栋(近世纪大道)

电话： 021-6075 6266

交通： 公交787、870、978路等，轨交2号、4号、6号、
9号线世纪大道站

HOW
美食攻略地图

第一次去拉亚，是宜山路店。等候区硕大的泰迪熊成为大家争相合照的明星。后来知道这家在上海滩受汉堡族青睐的店，原来已是"老字号"。它家一层又一层叠加起的汉堡上插着一面可爱的旗帜，女生会有一种无从下口的感觉。

美式拼盘搭配杯奶昔是我和朋友下午茶去的首选。鸡柳、薯格，还有不一样的鸡翅、三款酱的自由搭配，绝对给你饱足的幸福感。

意式香橙牛油果熏鸭色拉。其实Salad系列以多品种西式生菜混合，原汁原味体现西式沙拉的独特风味，让您体验西餐厅的沙拉美食。

【推荐】
培煎芝麻沙拉+樱桃番茄之甜蜜的滋味：香醇美味的芝麻经过煎培后的醇香，略带一丝的酸甜，再配合生菜天衣无缝，吃过难忘；再加可口多汁又可爱的樱桃番茄，给人带来爽口又甜蜜的味道。

食材中的高富帅，
即使身着朴素衣装，
也无法掩盖
与生俱来的贵族气息。

食材中的高富帅 即使身着朴素衣装
也无法掩盖与生俱来的贵族气息

香港天龙行大闸蟹

地址： 上海市余姚路782号(近武宁南路)

电话： 021-5256 2253、5256 2238

交通： 公交23、765、824、935路等

HOW
美食攻略地图

古人把食蟹、饮酒、赏菊
作为金秋时节的惬意之事。
提起大闸蟹，
自然就想到
已有20多年历史的
香港天龙行。

天龙行养殖基地在苏州东山。这里的景致先吸引了我，依山傍水，有种巴厘岛度假的感觉。这里的水质很清纯，可见水草之类的天然资源。听天龙行的老师傅说，好的螃蟹是在气候条件适宜，水深2m左右活水湖泊中精心养育出的，而且用螺蛳、小鱼等天然饲料喂养的螃蟹会吸收钙质，食用活水湖泊中的水草和玉米来生成蟹膏和"红油"，原来蟹蟹心情好了才会蟹肥膏厚。

去的时节正值"六月黄"，这些刚刚经过第三次脱壳的雄性"童子蟹"，以壳薄肉嫩黄多著称，蟹肉却软糯可口，最懂行的行家一定会追这一口。六月黄最迷人之处便是蟹黄，色泽更黄、更艳丽，蒸熟后一掰为二，泛出金灿灿的蟹油，更让人兴奋不已。上桌后，最好趁热唆上一口，让蟹膏和蟹油一同浸满口腔，细嫩的蟹肉自带一股甘甜，口感妙极。

大闸蟹有多味：蟹肉一味，蟹膏一味，蟹黄一味，蟹籽又一味。而蟹肉之中，又分"四味"：大腿肉，丝短纤细，味同干贝；小腿肉，丝长细嫩，美如银鱼；蟹身肉，洁白晶莹，胜似白鱼；蟹黄，妙不可言，无法比喻。而蟹籽曝干后则是海鲜珍品，为海鲜第一味。

要使蟹吃起来美味，烹饪绝对是关键。用清水煮蟹为好，一般活蟹入沸水，用大火攻，待水再度沸起后煮大约7至8分钟即可。更推荐在冷水水中放入紫苏叶煮沸，可通过蒸气解蟹之寒气！

吃遍上海滩，
吃遍螃蟹滩，
大闸蟹我的最爱！

选大闸蟹要五看：

一看蟹壳壳贝色泽鲜明，有光泽，且呈墨绿色的，一般都体厚坚实；呈黄色的，大多较瘦弱；能挑选到"金毛金爪"的更好。

二看肚脐肚脐突出来的，一般都脂肥膏满；凹进去的，大多是膘体不足。当用手拿蟹时还要觉得够"重"，这才挑到肥美多膏，蟹肉丰满的大闸蟹。

三看蟹足足爪结实，蟹足上的"脚毛"丛生，一般都膘足老健；无毛的，大多是体软无膘。

四看"农历八月挑雌蟹，九月过后选雄蟹"，因为农历九月过后雄蟹性腺成熟好，滋味营养最佳。肚脐圆形的为雌蟹，肚脐尖形的为雄蟹。9月~11月中旬是吃母蟹的最好时候，10月底~12月中旬是吃公蟹的最好时候。

五看活力，将蟹翻转身来，能迅速用蟹足弹转翻回的，说明活力强；不能翻回的，活力差，存放的时间不能长。当然，其蟹足均被绑住，那就不在此列了。不过，还可看蟹是否反应灵敏，若用手或枝条触动其眼睛旁边时，眼珠子会灵活闪动，反应敏捷，或者会"口喷白泡"者，还是够生猛和新鲜的。

青耀园潮州菜馆

地址： 上海市河南南路489号香港名都5楼(近复兴东路)

电话： 021-3331 8377、3331 8577

交通： 公交66、929、980路等，轨交8号、10号线老西
门站

HOW
美食攻略地图

潮州菜，简称潮菜，是产生于潮汕地区的一种富有地方风味的菜种，是潮汕人民经过长期的积累、改进而形成的地方美食。它以精于烹制海鲜，重视原汁原味，崇尚清淡口味，善于制汤，制作工细精巧，注重养生等内容构成其特色。这家隐藏在商场里的潮州菜馆一直坚持着潮汕人做菜的方式。

【特别推荐】

潮州冻花蟹

冻花蟹是一道典型的潮州菜，并非吃冰冻过的蟹，而是冷食的意思。花蟹具有舒筋益气、理胃消食、补锌壮阳、通经络、散淤热等功效。冷食的冻花蟹，肉质饱满、口味清甜，吃时配以姜末香醋，风味别具一格。

炒薄壳

薄壳，因其壳薄又脆，透着外壳能见到贝肉颜色，潮汕地区称为薄壳，每年的农历7~8月份是薄壳最肥美的是季节。炒薄壳的关键辅料是金不换（罗勒、九层塔），它特有的香草味和薄壳一炒，挥发出的味道简直是天作之合，人间极品。

冻红目鱼

红目鱼学名大眼鲷，香港人称为红眼鸡，是潮菜鱼类菜肴中唯一一道冷菜的鱼饭，吃时佐以普宁豆酱，很好地保留了鱼肉原有的鲜甜味，往往也成高档潮州 菜馆席上佳肴。

香芋芡实煲

芡实在我国自古作为永葆青春活力、防止未老先衰之良物，主要有补脾胃、涩精、止带、止泄、美容养颜的功效，配合香芋独特的香味，精心烹饪后，呈现给您的是一道美味的滋补佳肴。

海宫炉端烧

地址： 上海市南阳路123号(近西康路)

电话： 021-6888 9797

交通： 公交15、21、206路等

HOW 美食攻略地图

炉端烧，不同于"铁板烧"的另一种日本料理，是近年来美食界的新宠。你还记得《非诚勿扰》第一部里秦奋和笑笑在日本吃的那家"四姐妹居酒屋"吗？其实就是一家炉端烧。

炉端烧(Robatayaki)的字面意思是"在炉边烧烤"，相传在日本最早的炉端烧只有武士才有资格食用。

炉端烧是特别注重食材的新鲜程度。走进海宫炉端烧，一眼就能看到各类鲜活的鱼类贝类铺叠在长桌的烧烤台前。你可以坐在炉边一边吃串烧，一边看师傅们大显身手。

在海宫炉端烧吃一顿，就像是美食环球游了一遍。我记忆中的就有被葡萄牙人称之为"液体黄金"俄罗斯银雪鱼西京烧，肉质厚实，刺少，味道鲜美；澳洲大理纹牛小排，文理细嫩无筋，含汁度高；长崎深海鲜鱼黄秋葵浓醇煮，黄秋葵肉质柔嫩，柔滑，风味独特，营养价值堪比人参；加利福尼亚酪梨色拉，有机蔬菜搭配着我最爱的牛油果……

当然，最能体现炉端烧高端大气上档次的，还是帝王蟹和蓝鳍黑金枪鱼了。

在寒冷的海域，活北海道帝王蟹素有"蟹中之皇"的美誉。体型巨大的帝皇蟹含有丰富的蛋白质、微量元素等，对身体有很好的滋补作用。拿起大大的蟹脚，淑女这是就暂变浮云，蟹肉的鲜嫩，忍不住让我们拼出了"LOVE"。

吃炉端烧一定要有相当的气氛，安静绝不是炉端烧的氛围，侍者下单时的喊叫声，厨师操作时的兴奋状态，随着火烤不断升温的热烈氛围，都是必不可少的环境要素。新鲜的海鲜和丰满的各式蔬菜，配上欢快的心情，才是炉端烧的精髓所在。

红壮铁板烧（岳阳路店）

地址：上海市岳阳路1号
电话：021-6051 0659
交通：公交49、927路等

HOW
美食攻略地图

　　红壮铁板烧的两家店在东湖路和桃江路上，小马路两边都种着法国梧桐树，有阳光投射树影婆娑，你也可以站在桃江路两楼阳台看看车来车往。食客们围坐于烧烤台前，在把酒问盏，品尝醇香可口的菜品。

　　"鹅肝鱼籽蒸蛋"面上点缀有晶莹剔透的鱼籽，以蛋壳为容器，用小勺挖着吃，一口接一口的满是嫩滑的香气。蒸蛋细腻嫩滑，鹅肝丰腴，鱼籽在齿间爆裂，更令人回味。

　　羊排的煎制十分考验料理师傅的经验。它不像牛排，不同的生熟程度会产生不同的口感。羊排肉一旦火候不得要领，就会变得又干又涩。而这一份羊排经受住了考验，肥肉部分的油脂完全煎出，并被瘦肉的部分充分吸收，增加了羊肉的香气；肉里的汁水被完整地保留下来，足以体现料理师傅的功力。

望海 TO THE SEA

地址： 上海市陆家嘴西路2967号滨江大道北滨江A座
　　　（近正大广场）

电话： 021-5878 6326

交通： 公交81、82、85、779、985路等，轨交2号线
　　　陆家嘴站

HOW 美食攻略地图

望海，就是开在滨江大道上一家被我称之为"绝位"的餐厅。一眼眺望外滩美景，尤其是夕阳西下是我最爱。全玻璃的建筑结构，让望海餐厅看起来既像是海岸边明媚的船坞，又像是一艘扬帆远航的葡萄牙帆船。店内陈设也无一不是充满葡萄牙风格，让人想起那个曾经航遍四大洋的国度。

这家餐厅的菜肴启发于地中海的味道，美食简单而地道。"TO THE SEA"食物全部以海鲜为主，一切围绕着"海"（其名叫望海）。

望海的美食精神是乐活用餐。一份跟随四季而改变的菜单，搭着葡萄牙的热情好客和完美的用餐氛围，令人绝对意犹未尽。你可以试试鲜活生蚝，垂涎欲滴的龙虾烩饭配松露油，还有鲜乳酪配樱桃酱。

【特别推荐】
望海什锦海鲜拼盘
点击率极高的海鲜。来自世界各地最新鲜海鲜，有鲜金枪鱼、法国法蚝、冰鲜蓝口贝、冰鲜阿拉斯加雪蟹脚、挪威三文鱼和西班牙大红虾。

TIPS:
天气不错，你可以选择在露台，喝个下午茶，也可以吹着江风赏着夜景喝杯酒。窗边雅座非常适合情侣，品美食赏美景。但记得一定要提前定位。

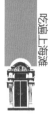

乌贼烧

地址： 上海市邯郸路600号万达广场食品一店2楼

交通： 公交55、99、749、819路等，轨交10号线
江湾体育场站

HOW
美食攻略地图

这其实是一直很传统又很新奇的做法，晓辰在几年前就跟着菜谱学过类似的做法。把炒好的蛋炒饭塞进洗干净的新鲜鱿鱼里面，只不过乌贼烧的方式是油炸，而晓辰的是放进蒸笼蒸。后者是一次失败的尝试，而前者目前生意兴隆，人头攒动。

店家的炒饭不是简单的蛋炒饭，而是一款加入了各种海鲜小料略带咖喱味的海鲜炒饭。

一只只胖鼓鼓的鱿鱼仔在油锅里游了一会之后，香气随即飘出；从锅里捞出来以后，放在案板上，切成小段。

经典的是淋在乌贼烧上的酱料，有很多口味可以选择。最黄金的是蜂蜜芥末酱和甜辣酱的配搭，配合着乌贼酥脆的外表皮和香糯的米饭，让这份小食直接晋升为主食。

不怕
万人阻挡
只怕
自己投降

不怕万人阻挡 只怕自己投降

辣府（云南南路店）

地址： 上海市云南南路180号(近淮海东路)

电话： 021-5321 0557、5321 0227

交通： 公交23、26、783路等，轨交8号线大世界站

【Tips】
"辣府"，其实很有意义。
第一，上海话中"辣酱"的
谐音；第二，"LOVE"的
谐音。

HOW
美食攻略地图

对于火锅这件事，友人给我个雅号叫"火锅女王"。去重庆成都，三更半夜还跑出去找火锅。在上海各种风格的火锅几乎兜了个遍，我就是那么个火锅控。

辣府，算是还挺常去的一家火锅店。店还没到，几百米外就能闻到一股振奋人心的"辣香味"。它家的装修显得特别"书香门第"。牌匾上"辣府"两字显得霸气，而餐厅里的椅子、桌子、灯具等都显得古色古香，走着中国风。

在辣府吃饭，撞星率是极其高的。老板的好人缘，说不定就让明星成为了你的"邻居"，李晨、朱桢、黑人等等明星都算来过。

劲爆（变态）牛肉丸是辣府最有噱头的特色菜。吃着用顶尖印度辣椒和上好手打牛肉制成的劲爆牛肉丸，一定可以让人体验到心跳的感觉。据说，这种印度辣椒的辣度是普通辣椒的4~5倍，极大地挑战味蕾！

【特别推荐】
麻辣鲜鱼片
用干辣椒、花椒、香叶、八角等10多种酱料腌制而成的鲶鱼片，入口爽滑，麻辣鲜香。

雪花肥牛
选材上好，其绚丽的冰上造型、仙气缭绕的感觉，很吸引年轻潮人。

孔雀

地址： 上海市南京西路1515号嘉里二期北区四楼14号商铺

电话： 021- 6067 5757

交通： 公交20、37、57、76、921路等，轨交2号、7号线
　　　静安寺站

HOW
美食攻略地图

"孔雀川菜"是一家环境独特正宗川菜餐厅，名字非常惊艳，让人印象深刻，浮想联翩。孔雀主打川菜，总厨"不显山、不露水"，挥舞着烹饪的娴熟之技。来自四川的原班人马，力求在上海打造口味纯正的巴蜀川菜。

【特别推荐】

水煮鱼

几乎每一家川菜店都会把这道菜作为主打，但是孔雀的水煮鱼可以让你吃出开屏的感觉。鲶鱼应该是最适合游在辣汤料里的了，滑嫩的鱼肉配合肥厚的鱼肉脂肪，一片下肚，筷子就再也停不住了。

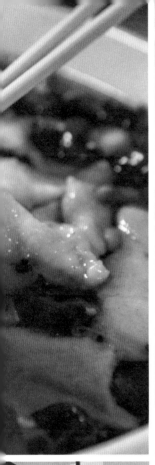

灯影特色敲虾

在中国哲学观中，人的最高境界"见山不是山，见水不是水"。灯影特色敲虾"看似肉片却非肉片，吃是虾却无虾形"，就有此意境。选用鲜活河虾肉，经师傅"千锤百炼"而成灯影婆娑的效果，且口味独特，又有盘中追逐滑嫩虾肉片的乐趣，也让你的味蕾惊喜连连。

重庆毛血旺

家喻户晓的名菜，从重庆火锅演变而来，我们材料选用更加专注，特别加入高原绿色毛肚和猪黄喉，味型麻、辣、鲜、香、烫。

宜兰活鼎大虾

地址：　上海市仙霞路671号（安龙路口）

电话：　021- 6291 8239

交通：　公交54、88、827、836路等

HOW
美食攻略地图

当年那首《心太软》让我开始认识了这为幕后天王小虫。后来他来我节目做客，才发现这创作了一堆脍炙人口的音乐人，还是个超级美食客！

小虫去不同的城市，都会第一时间寻觅美食，而每回来上海，他也有自己钟情的店。这家小虫推荐给我的餐厅，没有想象中的那么高端，不算大的店铺里一位70多岁的阿妈张罗着一切，在这里吃饭有种暖暖回家的感觉。

到上海，我都必须去这家台湾菜。「宜兰大鼎活虾」
除了胡椒虾以外，
三杯甲鱼也一绝！D
—— 台湾都很难得吃得到。

　　胡椒虾是大鼎活虾首推的做法。大颗粒的胡椒粒和一只一只新鲜的大头虾在特制的容器"大鼎"里相互融合，虽说吃第一只的时候会感觉胡椒味有些呛喉咙，但是当你习惯了这种辣味以后，鲜甜的虾肉，以及能够起到很好去腥效果的活虾，绝对是油爆虾之后的另一款王牌组合。

蜀面(五角场店)

地址： 上海市政民路310号(近国定路)

电话： 15121019091

交通： 公交102、713、749路等

HOW
美食攻略地图

　　一看名字就知道，蜀面就是四川地区的面食。说到川菜，可能你会想到很多耳熟能详的名菜，但是四川的面食又有些什么呢？是不是也和川菜一样麻辣鲜香呢？这些问题只有进了店，等服务员把菜品端上桌的时候，你才能得到解答。

　　店里的装修并不像是成都街头的小面馆那样不修边幅，反而是一种接近西式简餐的装修风格。因为毗邻大学的缘故，店里还有一面墙挂了很多来吃面的食客留下的倩影。

　　重头戏来了，来蜀面肯定要吃面条。大体上分了两类：干面和湿面。是老饕就得干的湿的各来一份。因此晓辰点了一份双椒牛肉面（干）和蹄花面（湿）

　　双椒牛肉面说是双椒，可是翻来覆去只看到切成碎末的小米椒。不过这可不会影响这碗干面的辣度。伴着牛肉末和豆芽，每一口面虽然刚吃进嘴里的时候会觉得口干，可只要慢慢嚼，你就会发现面条本身会散发出麦香，而且非常有韧劲。

　　蹄花面的面汤覆盖着一层厚厚的辣油，让人看着就有些哆嗦。但猪蹄与辣油的邂逅却产生了奇妙的化学效果，让它看似分外妖娆。蹄花煮得恰到好处，不硬不烂，蹄筋依然保持着弹性，而肉皮却已经酥嫩。

家味螺蛳粉（安远路店）

地址：　上海市安远路621-623号(近延平路)

电话：　021－6230 3772

交通：　公交23、54、830、935路等，轨交7号线昌平路站

HOW
美食攻略地图

【惊奇小发现】
没想到他们家的双皮奶非常好吃，又醇厚又浓郁，奶香味十足。

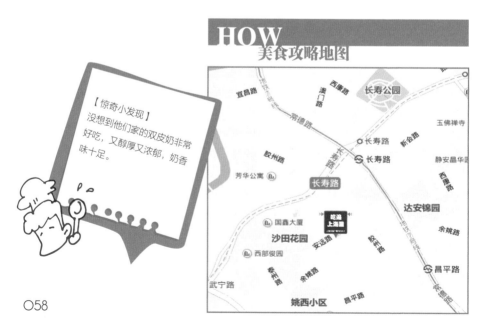

【Tips】

在柳州当地，螺蛳粉一定要配合着螺蛳吃。店家会准备好一大盆螺蛳，免费提供给食客享用。所以，想吃得地道的话，也在店里面点上一盆螺蛳吧。

螺蛳粉是广西柳州的名小吃。而在上海的走红，是因为一档名为《康熙来了》的台湾综艺节目中的大力推荐。如果说云南过桥米线的精髓在于滚烫的鸡汤，桂林米粉的关键在于酸豆角和酸辣笋尖的话，那么螺蛳粉的制胜法宝则是配料。

当螺蛳粉端上桌的时候，你的第一反应一定是：这么大一碗？我能吃完吗？别怕！仔细打量一番，你就能够发现，其实螺蛳粉也只是纸老虎。当你把那几块炸得金黄的豆皮按进汤里以后，螺蛳粉的体积立马小一半。筷子随意在粉汤里搅和两下，就可以发现，店家的料真舍得放。酸豆角、海带丝、花生、空心菜，几乎每吃一口粉，都能带起无数配菜；再喝一口粉汤，虽然清单，但依然挡不住丝丝的辣味慢慢渗出。

原来
爱情的世界很大
大得
可以装下
一百种委屈
原来
爱情的世界很小
小到
三个人
就挤到窒息

原来爱情的世界很大
　　大的可以装下一百种委屈
原来爱情的世界很小
　　小到三个人都挤到窒息

辣肉丝面馆

地址： 上海市肇周路106号(近吉安路)

交通： 公交17、864路，大桥一线等，轨交8号、10号线
老西门站

HOW
美食攻略地图

开在原来的卢湾区形形色色的面馆很多，以最著名的卢湾四大面馆驰名中外。晓辰在尝遍原卢湾区大大小小20余家面馆以后，还是最钟情于这家辣肉丝面馆。

辣肉丝面馆的辣肉丝其实不那么好吃，而且性价比也不高。

最好吃的是大肠圈子面，极品！其次一定要点拌面，这样才不会浪费酱料。

他们家的炸猪排也是一级棒的（就是15元一块的价格有点吓人）！

还有一个驰名产品：酱汁大肉。听店员说只有11点半之前到店的食客才有可能有机会吃到。

肇周路"四宝"之一，面汤是浓油赤酱的，浇头是现炒，味道挺赞。这样连个门面都没有的路边摊，居然偶遇到十四阿哥林更新，这种福利你有木有。

盛兴点心店

地址： 上海市顺昌路528号(近永年路)

电话： 021- 5306 7325

交通： 公交109、146、730路等，轨交9号线马当路站

盛兴点心店

HOW
美食攻略地图

在做美食节目的过程中，一旦聊到小时候爱吃的美食，大家在畅所欲言的同时，就会感叹现在的东西都没有过去的滋味。可是这一家国营点心店制作的馄饨和汤团却能够让你不禁感慨，它为你留住了记忆中童年的时光。

进了店里面，从收银员到厨房下馄饨的大师傅，不是阿姨就是阿叔。虽然谈不上热情，但是那种儿时里弄的温馨依稀可以寻找到。

店里面本来就座位不多，但是依然要挤出两个座椅留给包馄饨的两个阿姨。因为店家坚持每天的馄饨现包现煮。

店里只卖四种产品：汤团、粽子、大馄饨和小馄饨。天平座的人在这里应该会很幸福，因为除了粽子以外，三种汤料的点心都是可以混搭的。我们点了大馄饨小

馄饨的双拼，说出双拼的时候感觉像在茶餐厅点烧腊饭一样，有些穿越。

馄饨端上来的时候就散发着一股浓郁的猪油混合着葱花的香气。但是除此以外，榨菜末啊、紫菜啊、蛋皮啊，这些品牌点心店的配料，他们家一概不放。

馅料其实并没有太大的惊喜，但是馄饨皮却比一般的店家放了更多的碱水，因此皮会变得更有韧劲，更有嚼头。

铜锣湾三记烧腊餐厅

地址： 上海市崂山路664号(近浦电路)

电话： 021-5830 2023

交通： 公交451、792、795、798路等，轨交6号线
　　　浦电路站

HOW
美食攻略地图

【Tips】
店家的叉烧的选肉和一般港式茶餐厅有所不同，肥肉的比重更多一些，肉会切得比较小块。但是因为价格并不便宜，所以叉烧的量还是蛮大的。

电影常常会在不经意间捧红一款美食。而让一道又一道香港美食为我们熟知的电影《食神》，不仅让我们知道撒尿牛丸的无敌弹力，同时也让我们记住了用手掌的火焰就能烹制出的创意搭配：黯然销魂饭。

不知道这家店的老板是不是星爷的忠实粉丝，但是这道与电影里配搭如出一辙的叉烧、荷包蛋、芥蓝盖饭，也起着与电影中一样的名字。

当这个配料十足的饭端上来的时候，首先吸引住我的是盛饭的碗。这是被大家吐槽过多次的港剧神碗——大公鸡。不知道是这只碗有什么特异功能，好像看到这个大公鸡就会变得更有食欲。

我原本以为这只是一次形式主义上的整合，没想到店家的用心在你吃到第一口饭的时候，就会让你泪流满面。精心调制的香葱酱料被均匀地淋在了饭上。千万记得在拌匀米饭之后，在饭勺挖上一勺饭，放上一块叉烧，夹上一小块荷包蛋，一口放进嘴里。这个时候别说达到黯然销魂的境界，连小龙女长什么样，估计你都不记得了。

上品小笼(潍坊路店)

地址： 上海市潍坊路85-1号(近南泉北路)

电话： 021-5835 5016

交通： 公交789、792、795、798路等

HOW
美食攻略地图

话说上海的小笼店真是比比皆是。外地来的朋友就会说："带我去吃你们上海最好吃的小笼包。"这个要求，我真的很难满足。小笼包在上海嘉定南翔出现之后，苏州有苏州的做法，无锡有无锡的风格。在上海汇聚了偏甜、偏咸、皮薄、皮厚，形形色色各种款型的，甚至中国台湾地区某著名点心品牌也要来凑个热闹。所以我只能说，这一家小笼店，还不错。

小笼必须是现点现做的。要考验小笼师傅的手艺就得看小笼顶端那一道道的褶子。标准要求是要有18道褶子，不能多也不能少。

蒸小笼的时候，其实讲究一些的店家会把醋碟放在笼屉里一块蒸。这样做就能让原本凉凉的香醋在倒入醋碟的时候变得温热，而不会影响热乎乎的汤包的口感。

吃小笼的时候，每个人的习惯也不太一样。晓辰个人偏好的顺序是先在醋碟放入姜丝，然后轻轻提起一颗小笼，蘸上一些香醋，接着放在汤勺里，用嘴咬开一个小口，吸尽汤汁，再把小笼蘸一次香醋，让香醋顺着开口处慢慢流入一些到小笼里面，再一口吞下，万分过瘾啊。

店家小笼里的内馅非常保质保量，猪肉的品质相当好，肉馅相当紧实。从喝到的肉汤可以发现，店家肉皮冻制作的也十分用心。

当然啦，小笼的配汤也是很不一样的，鸡鸭血糖，蛋皮汤、紫菜汤，哪一款是你的唯一呢？

三两春(崂山路店)

地址： 上海市崂山路664号(近潍坊路)

交通： 公交451、792、795、798路等，轨交6号线浦电路站三两春

HOW
美食攻略地图

【Tips】
所谓的活面，就是发酵过的面团。

【 Tips 】

上海最传统的生煎其实是大壶春。和现在的生煎最大的区别就是大壶春用的是活面，而在煎的过程中，生煎的摆放也和现在的完全是颠倒了个。

自从小杨生煎的连锁店一家又一家地开遍上海的角角落落之后，滋味也随之起起落落。但这家店会让你为之赞叹。

很少见过哪一家的生煎每一颗的面上都洒满了黑芝麻。当你咬开面皮的时候，也会不经意地咬到几粒芝麻。但在这一瞬间，你是一定无瑕顾忌这些，因为如瀑布般涌出的滚烫的汤汁让你只能聚精会神于此。

颖子有个高级的习惯，就是在吸完汤汁以后，会把生煎的肉馅完整地扔掉。对于晓辰这个"粒粒皆辛苦"的人来说，实在是心如刀绞啊。

除了生煎，店家还有一个特色是汤。肚肺汤配生煎的吃法，究竟有几家店会这么做呢？猪肺和猪肚的组合竟然能够相得益彰，还真是劳动人民的智慧啊。不入眼的猪下水摇身一变，成了登堂入室的高老庄料理了。

吃肉时谨记：
嘴上
享受一时
身上
肥肉一世

吃肉时谨记
嘴上享受一时身上肥肉一世

乐lofree(愚园店)

地址： 上海市愚园路1357号(近定西路)

电话： 13761150211

交通： 公交20、825、921路等，轨交2号、3号、4号线
中山公园站

HOW
美食攻略地图

乐LOFREE来自台湾，吃的每一样，喝的每一杯，都能深深留在你心里。在视觉、听觉、触觉、嗅觉、味觉上，给食客感动的精致简餐店倡导时尚、健康。

初到这家店的感觉像咖啡馆，白色三层小洋房，咖啡加白色的配色，映着暖色灯光，简约大方，充满小资情怀。在二楼的窗台位置，窝在沙发里，凭窗看路边法国梧桐树和来往的车流，就是惬意。

【特别推荐】

招牌义法蓝带猪排

现场制作，热烫烫很大一块，炸得金黄上桌。猪排的外层洒满了CHESE粉，咬上一口，火腿片深藏而露，浓郁的芝士爆浆而出，汁水扑出。猪排很嫩，外层自然香脆。

到了这里，一定要点上一份这里的牛舌。
因为这家店里选用的是和牛的牛舌。
不同于一般牛舌鲜亮的红色，
和牛的牛舌由于油脂更加丰富，
呈现出的是温和的淡粉色。
店家还采用了厚切的方式满足食客的口感要求。

保留食物的原汁原味，
吃出健康的美食是我的最爱

炊**炭火烧肉**

地址： 上海市泰康路248弄田子坊43号

电话： 021-5465 0900

交通： 公交43、96、218、931、985路等，轨交9号线
打浦桥站

HOW
美食攻略地图

田子坊，上海弄堂文化的一个地标地。兜兜转转田子坊，43号的这家烧肉店格外亮眼。

独幢老房子里开的餐厅，一家走着"混搭"风的餐厅。纯正日式的烧肉店里，服务员是地道的上海阿姨；拿着时尚现代的iPad点菜，却会看到墙面上露出的部分红砖。怀旧和时尚，别致而不做作。

在炊炭火烧肉里，最有名的是和牛。当和牛放上铁盘，滋滋的煎烤声在炭炉上蹦出，当红色血丝渗透在肉的表面，翻烤后，蘸上日本特创的甜甜酱汁，放到口中一咬，牛肉渗透齿颊，香浓的脂质入口即化。

日式烤肉和韩式烤肉最大的不同就是他们研制的口味不同，烤肉在上桌前都用赤味增、日本豉油等腌制过，令美食鲜中带少许甜香。

全球海虾之极品，鲜红色泽的"牡丹虾"是我必点之品。有一些店家为了打价格战，以次充好，用红虾冒充牡丹虾，因此能吃到真正牡丹虾的机会并不多。好的牡丹虾会有肥硕的肉质，咬上去很有弹性，甘甜浓郁。

木鸭梨露天餐厅(南京西路店)

地址： 上海市南京西路456号科勒设计中心4楼
（近仙乐斯广场）

电话： 021-3305 1136

交通： 公交20、37、451、921路等，轨交1号、2号、
8号线人民广场站

HOW
美食攻略地图

网络上流行过的那些美食你会突然想到哪款？盆栽提拉米苏，当时令我感觉自己听错看错的一款美食。后来被它惊喜到了。这款奥利奥磨成的厚厚的"泥土"，下面铺上了一层巧克力的脆片，再加上提拉米苏，层层深入，不禁感叹创意美食的神奇。正因如此，也让我对"木压力"的木鸭梨记忆特别深刻。

　　岛主是这家创意餐厅的老板，一位从香港、新加坡及加拿大体验过的美食达人。他说餐厅想要搭配成上海繁忙大都市里特殊的闲暇景致，建造了一个真正无压力美食国度。餐厅的环境很优雅，随处可见可爱造型的的绿色植被，两个大大的露天平台，分为男女晴天露台，小资的调子，饶有趣味，不愧是沪上让心情瞬间变好的一家餐厅。

　　提起美食，盆栽系列算是店里的明星主打。我喜欢盆栽奶茶，泰式红茶+香滑牛奶+奶油+奥利奥，香滑的奶茶搭配浓淡合宜的牛奶，滋味超优，浓甜适宜，再在上面铺上一层由奥利奥制成的泥土，搅拌之后使得奶茶口感更加浓郁香醇。这款奶茶香气四溢，还没饮用已经醉了。夏天建议可以点冰的，口感更好。

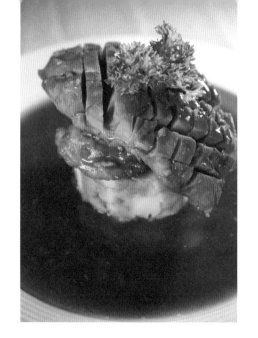

木鸭梨还有款叫做"鸡同鸭讲"的美食，一道用一块厚厚的烟熏鸭胸肉加上烤得外焦里嫩鸡腿肉，铺在软绵绵的土豆泥上面，再在上面淋上一层浓郁的特色酱汁的美食料理，吃上去酸酸甜甜。完全不是这菜名意义嘛，不是吃完以后无法沟通，而是让人回味无穷，各种满足！

说创意的话，"随便虾吃"也算一款了。两只大明虾Q弹有嚼劲，配着浓郁奶香的奶油蘑菇饭，饭周围炸得金黄色的特制酱汁的虾，随意中体现着精致。

肥仔文澳门猪骨煲

地址： 上海市南汇路77号(近北京西路)

电话： 021-6253 6777

交通： 公交20、21、23路等，轨交2号线南京西路站

HOW
美食攻略地图

澳门有很多人都去旅游过，但是要跟你说到澳门菜，你又会想到什么呢？其实澳门菜分很多种类，葡国菜是大家最为熟知的，奶油葡国鸡更是很多上海长大的人儿时的西餐记忆。然而，最地道的澳门菜却不是这些，而是在这一家装修独特的澳门菜餐厅。

店家二楼装修得很有格调，仿佛是澳门街边夜排档的感觉。店里的招牌菜被做成了一块块彩色的挂牌，该点什么，该吃什么，一目了然。

既然店名就是猪骨煲，点上一锅猪骨煲绝对是毋庸置疑的。满满一大锅里其实除了猪骨，还有脚圈的部分，所以爱吃皮爱吃肉都可以获得满足。汤底已经接近牛奶的颜色，你可以把它当做一锅汤，更可以当作火锅，点上店家自制的墨鱼丸。

鸳鸯猪排并不是模仿爆浆鸡排，而是传统的澳门菜。两块猪排都夹有内陷，一块里面有芝士和火腿，另一块则是剁成碎末的海鲜馅。晓辰个人更偏爱带有芝士的猪排，每一块猪排都会产生拉丝的效果。

鹅庄(金汇路店)

地址： 上海市金汇路466-2号(近吴中路)

电话： 021-5117 3117

交通： 公交721、867路等，轨交10号线龙柏新村站

HOW 美食攻略地图

　　鹅在上海被叫做"白乌龟（ju）"。这只来自台湾做法的"白乌龟"，是喝着冻顶乌龙蹒跚而来的。香港有深井烧鹅，上海有风鹅，这一时刻，让我们尝一尝冻顶茶鹅。

　　真要想从茶鹅的肉里吃出茶香是有些困难的，倒不是因为冻顶茶的茶香不够，而是因为鹅肉的肉香实在太浓郁诱人了。鹅不仅个头比鸡、鸭大出几圈，肉质也是极为肥厚的。

　　诚意推荐：鹅肉饭。三大片鹅肉连皮带肉，而且店家有一个非常贴心的做法，为了保证鹅肉肉香的纯正，店家在鹅肉上又刷了一层鹅油。正所谓"原汤化原食"，现在是"原油抹原肉"了。配合每天卤煮的台式卤笋，下饭绝对是一级棒的。

　　生肠是不太能够在上海吃的的美食。这里的吃法沿用了台湾的习惯，在生肠上桌的同时，会配上一碟酱和姜丝。吃法是把姜丝塞进生肠，然后蘸上酱料，一口一段。姜丝的辛辣可以赶走生肠些许的腥味，而生肠无与伦比的脆爽在酱料的帮衬下越发显著。

狮城阿隆肉骨茶

地址： 上海市金汇路380号(近吴中路)

电话： 021-5110 9435

交通： 公交721、867、虹桥镇2路等，轨交10号线龙柏新村站

【Tips】
喜欢吃软骨的朋友可以让店家把肉骨茶里的肉骨全放入有软骨的部分，点上一碗油条配着肉骨茶一起吃会更地道哦！

HOW
美食攻略地图

　　随着东南亚旅游线路的火爆，各种东南亚美食被大家渐渐接受并喜欢。这家餐厅专营各种马来西亚、新加坡美食，并且煮着号称上海最地道的肉骨茶。

　　店老板专门跟我们解释了一下，肉骨茶就必须有肉骨汤吃的同时喝着茶，那才是肉骨茶的真谛。其实肉骨茶看似清淡，却需要在炖煮的时候放入十几味中药材。喝一口肉骨茶汤，还能发现店家放入了非常多的胡椒，有一点点呛喉咙，但是胡椒产生的发汗作用，还是会让身体觉得非常

舒畅。啃肉骨头的时候到了。肉骨茶用的是肋骨肉，煮肉的时间把握得刚刚好，非常有嚼头。在吃的时候要蘸一下店家特调的酱油，还能吃出像无锡排骨一样的酱香味。

　　东南亚很多地方都爱吃海南鸡饭。听说最地道的海南鸡饭应该是没有鸡骨头的。虽然店家还没有做到如此细致，但是从精心调配的葱油酱、辣椒酱和酱油，就能感受到店家的诚意。热乎乎的米饭是用鸡汤混合着大米烹煮而成的。

721幸福牧场

地址： 上海市东方路796号96广场2楼210号铺
　　　（近世纪大道）
电话： 021-5856 8521
交通： 公交610、746、779、798、819、980路等，
　　　轨交2号、4号、6号、9号线世纪大道站

HOW
美食攻略地图

【Tips】
如果店家可以把猪排切得更
厚实一些，就会让人更觉欣
喜了。

进了这家店，脑海中立马会跳出四个字"石器时代"。倒不是因为店家的餐点有多原始，而是无论是墙上的装饰，还是天花板的仿石块感觉的吊顶灯，以及各种各样不规则造型的餐具和调味品罐子，都体现出这是一家"石头"记。

每张桌子上都会放着几只装着芝麻的小碗，碗里会有一根木杵子。这个用来品尝店家招牌猪排蘸酱的一部分。芝麻是需要你自己完成磨制工序的。由于装芝麻的小碗有着特殊的设计，增加了摩擦系数，因此，只需要握着木杵沿着碗壁不断转动，一阵阵的芝麻香就会慢慢弥散。

当服务员把猪排端上桌的时候，也是你可以把酱料倒进芝麻碗的时候。倒入酱汁以后，其实不用把酱汁和芝麻搅匀，可以直接夹起猪排，蘸上酱料，芝麻的香味和油炸后外壳的香酥，是一种君子剑和淑女剑合璧后，一刚一柔的完美搭配。

大家眼中的

自宫美

却跳着

属于自己的

孤单芭蕾

大家眼中的白富美
却跳着属于自己的孤单芭蕾

FOUNT 日本料理

地址： 上海市永嘉路570号永嘉庭5号楼1号(近岳阳路)

电话： 021-6073 7786

交通： 公交96、830路等，轨交1号线衡山路站

HOW 美食攻略地图

这是家时尚极简的店。

小花园竹叶青青，

窗边竹林水景，

室外池塘水声潺潺，

环顾这间五星级的餐厅，

竟然找不到任何与明星相关的符号，

连胡歌的一个签名一张照片都没有，

可见走的就是低调奢华。

胡歌说：

"这个地段，

包括客流量，

我们都有科学的计算。

这个地方挺好的，

因为我对这里很有感情，

我以前就住在这里附近，

而且我小学中学都在这附近。"

最初认识胡歌是他来电台录广播剧，那时他已经是上海滩很多广告公司争抢的未来之星。后来他新剧上映、唱片发行来过我节目几次，每回都依旧有那份纯真的上海小囡的感觉。做美食节目后，知道了一家很有文艺气息的日料店，后来才知道它的老板叫胡歌。

去FOUNT吃饭的包房是走廊最深处，据说这里是明星们私密聚餐的首选之处，九宫格甜品和鹅肝茶碗等菜式是明星的最爱。服务员开玩笑地说，这里来过很多明星，而每每女明星来，我们都会窃窃私语："这是不是老板的女友啊？"

Fount日本料理餐厅，白天是经营日式料理，晚上是酒吧。强烈推荐甜点九宫格，fount的甜点由特色冰淇淋+特色点心组成，各种口味让你一下子不知道先下手哪个。

鹅肝茶碗蒸是我特别钟爱的一道菜。一块硕大的鹅肝盖在了软滑的蒸蛋上。鸡蛋的口感很像小时候家里做的酱油蒸蛋，比一般日式的茶碗蒸味道浓郁许多。

虽然只是天妇罗，这里的摆盘给了我一个惊喜。辣椒粉和咖喱粉大色块的铺设在盘中，不仅装点了餐盘，也成为了一份天妇罗别样的调味剂。

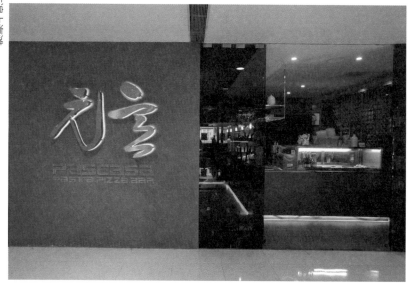

PASCASA元意

地址： 上海市南京西路818号818广场5楼(近吴江路)

电话： 021-6052 1980

交通： 公交20、23、37路等，轨交2号线南京西路站

HOW
美食攻略地图

店名叫元意，字体写得有点洒脱随意，乍一看像韩文。开店的店主是位建筑师，简约有格调的黑白系，比一般餐厅要大的椅子，墙上的插画，都可以看出细节的考究。

这家完全手工打造的餐厅。坚持每天自制新鲜意面和酱料，色香味具佳。手工制作的传统意大利面饼配以新鲜的素材、特质番茄酱和传统的莫扎瑞拉起司，还原真正的意大利风味匹萨。

【特别推荐】
菲力牛排牛舌面
这款面选择的是手工宽面，比一般的意面更多地挂上酱汁。一块菲力牛排，一块牛舌的配搭，让爱吃肉的人大呼过瘾。

店家的一口爆浆泡芙是你在餐后不容错过的甜品。迷你的个头不阻碍它强大的爆发力，一整个塞进嘴里之后，剩下的时间就留给它自由发挥，让奶香味和你的鼻腔有一次亲密的约会。

Home Garden

地址： 上海市安化路492号德必易园多媒体创意园区
106室(近凯旋路)

电话： 021-6251 0378

交通： 公交74、96、190路等，轨交2、3、4号线
中山公园站

一场叫做"顶级厨房"的比赛，让很多厨艺爱好者成了餐饮界的明星。其中不乏一些业内人士，顾晓光就是其中的一位。在比赛之后，他盘下了这家餐厅，做的是相当美式的西餐，但装修风格却玩起了混搭。欧洲田园？美式小木屋？其实是他自己的晓光STYLE。

烤制牛排的时候也有诀窍，温度必须高，刷油必须刷动物黄油（牛油最棒），眼睛必须片刻不离开牛排，一定要及时反面。但要记住，反面只能是两三回的事情，频次高了，牛肉的汁水就荡然无存了。

牛排上桌的时候，盛在一块简单粗暴的铁盘上。顾大师做的牛排是三分熟的，但切开牛排的那一刹那，没有意想不到的血水，足以说明牛肉的高品质。咬下去的第一口就被惊叹住了！太嫩了吧？没有生肉缠牙的麻烦，没有焦黑的肉质干柴的口感。顾大师细心帮我们把肥肉部分剔除掉，大块的牛肉一块接一块被我们送到嘴里。只能大喊一句："OMG！Perfect！"

【Tips】
牛排盐配料：海盐、迷迭香、红糖、大蒜粉。

餐厅的鸭胸肉色拉的选料，都是晓光大师亲自把关的。蔬菜是高质量的有机蔬菜，脆爽度和新鲜度好得没话说。原本以为色拉酱汁的调配是"传男不传女"的秘方，谁料顾大师脱口而出：橄榄油加黑醋。

一位个性的大厨总有他性格的输出渠道，门口那台亮黄色的限量版哈雷摩托车，就是顾晓光的符号。你可能会问：什么时候到店里去吃，才能吃到顾晓光亲自掌勺的菜呢？我会告诉你：看看门口有没有停着一台眨眼的摩托版"大黄蜂"。

【Tips】
顾晓光的私房菜【鲍鱼饭】，想要吃到的秘籍就是：提前电话预定，至少提前一周哟！

香港龙凤楼(蒙自路店)

地址： 上海市蒙自东路75号(丽园路)

电话： 021-3307 0770

交通： 公交43、218、985路等，轨交9号线马当路站

HOW 美食攻略地图

地道的港式茶楼其实在上海并不多见，而这家餐厅从开张的第一天起，就被无数食客誉为有着浓重的港味。无论是装修还是菜色，甚至是帅气的香港店经理，都会给食客一种时空上的错觉，上海还是香港？黄浦江还是维多利亚港？

一看到这种用铅笔勾画的菜单，就控制不住自己点菜的欲望，一不小心，菜点多了。

大澳虾酱海山骨是从名字到菜品都比较特别的一道。大块的五花肉裹上独特配比的炸粉，但更重要的是之前的腌制工作。排骨肉吃起来有一种淡淡的虾味，肉汁四溢，堪称大快朵颐。

　　龙虾泡饭是晓辰觉得性价比最高的一款。用龙虾熬制的汤底非常浓郁，加入米饭、芹菜及龙虾肉以后，就成为了一道人人必点的主食。如果你以为仅仅如此就大错特错了。在这一大锅泡饭旁的炸香米才是一枚枚的深水炸弹，即将在泡饭里掀起波澜。把一大碗香米倒入以后，只要听"次啦"的一声，就绝对能够在听觉上先满足自己了。

　　鲍汁凤爪与一般港式茶楼的豆豉凤爪不同，凤爪已经煨到放在嘴边用嘴唇一抿，就能够将骨头和皮肉彻底分离的程度，而与凤爪皮肉一起滑进嘴里的还有醇厚的鲍汁。

　　当然，港式茶楼肯定少不了它啦！虾饺，爱吃的人是在太多了，但每一家的做法都是不一样的。更重要的是，虾饺里面虾仁的比重也是不同的。三只虾仁的饱满程度是不是足够满足你不用剥虾壳也能大口吃虾肉的奢侈要求啦？

AURA(汾阳路)

地址： 上海市汾阳路64弄4号 (近复兴中路)

电话： 021-3461 7159、3461 7159

交通： 公交42、45、96路等，轨交1号、7号线常熟路站

HOW
美食攻略地图

在音乐学院附近有不少有点小感觉的餐厅，AURA就是其中之一。AURA这个名字取自于"Restaurant"里的字母。店招很有意思，厨师帽和锅子的结合，吃的店就这么直白。

在复兴中路上一座五层楼高的小洋房，窄窄的楼梯，每个楼层的餐厅都很简约，像回家的感觉，很私密。五楼小巧的欧式露台别有风情。爱做甜品的老板是四川人，大学毕业两年之后，就开了第一家餐厅，而现在的他已然成为一名资深的餐饮人。

"蔬菜（放置）三天。芝士蛋糕（放置）五天。（过时即丢)"这两个数字是店家的极限，完全保持新鲜度，不怕贴点本。

意大利传统酒心提拉米苏，有着独家的秘笈在其中，秘制朗姆酒调试，成为店中点击率最高的一款美食。

【特别推荐】
Salad系列以多品种西式生菜混合，原汁原味体现西式沙拉的独特风味，让您体验西餐厅的沙拉美食。

意大利美食典雅高贵，且浓重朴实，讲究原汁原味。田妞意式沙拉以罗马生菜为主，口感爽甜，菜味浓，配以多种生菜混合，口味丰富。如果再佐以凯撒酱汁、面包丁和帕马森乳酪粉，配上纯正意大利小牛肉或海鲜，嘿，这是有多满足。

典谟新知咖啡馆

地址： 上海市兴安路139号(近雁荡路)

电话： 021-6301 3637

交通： 公交911、926路等；轨交1号线黄陂南路站

HOW
美食攻略地图

【Tips】

早上10点开始，周一至周六营业到凌晨一点。周日营业时间为11:00至21:30，夜猫子们还是先休息一晚吧。

上海有很多不起眼的小马路，路边有着水果摊、杂货铺、便利店等不起眼的一些小店。淮海路雁荡路路口的兴安路就是这么一条生活气息极浓的短街。但你却会意外地喜欢一家低调的三层露台咖啡馆，它有着非同一般的文学气息。

如果你和我一样，是个静观白天转变成深夜的人，那么店门口的"夜的食堂"就能打造出很多健康美食来。日本大厨精心研制出了40种以上的创意日式料理，人不多的夜晚，还可以尝到菜单上没有的你想吃的好味道。

无论晴天雨天多云天，泡咖啡馆的天才是真正的好。

来自日本同名漫画《深夜食堂》有着这样的故事：在新宿街头的一条后巷，由老板独自经营的小资食堂，营业时间由深夜0时到早上的7时左右。之后"深夜食堂"的说法便成了夜猫子眼里的流行语。

【特别推荐】
南蛮风味鸡块
南蛮鸡块是日本宫崎县的传统小吃。店家做的南蛮风味鸡块是在日式炸鸡块的基础上，加上了独特的调味酱汁，类似于色拉酱和辛香料的组合料。鸡块的挂浆也非常到位，保留住了鸡肉所有的水分。

店家自制的熏肉肠口感不错，配上一杯生啤的话，肯定是不错的下酒佐菜。肉肠里面除了灌入了上好的猪肉以外，还加入了天然香料，使其肉汁鲜甜清香。

郎廷酒店

地址：　上海市马当路99号

电话：　021-2330 2288

交通：　公交109、146、932路，大桥一线等，轨交1号线
　　　　黄陂南路站

HOW美食攻略地图

提到朗庭，很多人都会问是香港吗？其实，上海滩的朗庭地理位置极佳就在新天地。虽然星级酒店里的美食价格有些小贵，但是超星的服务和舒服的用餐环境，也不是一般的餐厅能与之媲美的。

【特别推荐】

挪威腌三文鱼

是唯一可以让我摆脱三文鱼刺身的另一种三文鱼的吃法。虽然些许的水分因为腌制而损失，可是平添了几分弹性和嚼劲的三文鱼肉，还是能够在嘴里成为味蕾的主导的。诱人的鱼肉配上手工制作的面包，加以柑橘类水果制成的酱，以及作为点缀的木瓜丁，堪称完美。

煎羊排

绝对是一门技术活。多一份则老，少一分则生。老了就会毫无汁水，而生了便要考验你的牙齿了。在边上配上土豆泥和新鲜烤制的甜玉米、甜椒，不仅可以解除羊肉的腻味，同时也可以丰富这一盘主食的色面。

"你在干嘛？"
总有个人
这样对在乎的人
开口

其实是想说：
"我想你了"

"你在干嘛？"
总有个人这样对在乎的人开口。
其实是想说："我想你了"…

燕庭（日月光店）

地址：上海市徐家汇路618号日月光中心广场1楼F06室
　　　（近瑞金二路）
电话：021-6093 2965
交通：公交17、43、218、931、985路等，轨交9号线
　　　打浦桥站

【TIPS】
南汇店地址
地址：上海市南汇路10弄15
　　　号，近南京西路
电话：021-32160826

HOW
美食攻略地图

100多元吃燕窝？有燕窝的下午茶？这两个问号让我开始对这家店铺产生了好奇。

第一次去燕庭是在梅龙镇边的小弄堂里，庭院感的文艺小清新瞬间吸引了我，温暖的阳光房，可爱的小鸟，雅致而温馨，是个闹中取静、发呆休闲的好地方。后来在日月光发现这个"让心停泊的地方"和头一回感觉不同。简约的田园范儿，门口的外露台，荡荡秋千聊聊天，品品下午茶。

这是个有故事的庭院，店里的小饰物都是店主和朋友从世界各地收集而来的，有份居家的温馨感。招牌的燕窝下午茶，会根据不同的人来做独家推荐。店里的"雪梨燕窝"感觉是为常说话的主播特别准备的一款。一梨两吃，各种滋润。精致上桌的一整只梨，打开盖子，你可以先加入晶莹剔透的燕窝，在小火上再慢慢炖着和梨肉一起吃，吃完还可以让店员帮你加入川贝再炖一下。

【特别推荐】

芒果爆爆珠

用新鲜的芒果果肉和神秘配方制成的果酱，加入了一些形似珍珠但每一颗都会爆浆的爆爆珠。吃的时候再带上一些芒果果肉，一定会给你一个悠闲的午后时光。

上海首家燕窝主题甜品小馆，给人偷得浮生半日闲之惬意感。不仅仅是环境，更是凭借"一等品质，香港价格，体验式服务"燕窝美食。以纯手工的方式剔除顶级原料中的杂质，不采用任何化学方法，不参入任何添加物，用最单纯的方法生产出来的最纯粹的燕窝。

放下喧嚣，轻呡一口，醇香游走在味蕾间绽放，慵懒的沙发，阳光的玻璃屋，享受属于自己的午后美好时光。

新鲜炖煮的燕窝可冷藏存放7~10天，燕庭提供免费炖煮、免费送达的服务，每周为您送上新鲜的燕窝，免去您泡发、炖煮的繁琐，享受现炖燕窝就这么简单。

【TIPS】
印尼的头期白燕，业内称"孕妇燕窝"，是最安全的燕窝，口感极佳，营养丰富！

甜品工房

地址： 上海市新天地济南路9号103商铺(近太仓路)

电话： 021-6552 8588

交通： 公交109、146、932路等，轨交1号线黄陂南路站

在香港，人们一向喜欢在晚饭后到甜品店吃一碗甜品、糖水，与三五知己聊天。饭后甜品已经渐渐成为一种饮食文化。不论是夏日的绵绵冰来消暑，还是严冬的一碗暖胃暖心的红豆沙；无论是华美精致的西方甜品，还是养生的东方甜品，都不知不觉走进我们生活，甜品生活给繁忙生活一个留白的空间。

在新天地商圈，有一家在香港甜品界早已大有名气，也是上海滩大半夜可以找到吃甜品的店。超人气的甜品工房，每晚七点刚过，你就会在太仓路上看到开始等位的队伍。头一回听说这店，是闺蜜激动万分地说她找到了一家最好吃的榴莲绵绵冰。后来认识郭帅，才知道这主打"轻甜品"文化的店的老板就是他。

【TIPS】

"琉璃珠"，亦被称为"海藻珠"，它是一种高纤维的产品，成本高，极少见，此种琉璃珠的硬度越高，价值则越高。

　　绵绵冰是在摄氏零度以下的低温下，用五颜六色的水果和牛奶打造的一款比冰淇淋要松化，比雪糕更有料的甜品。丝丝缕缕，如细腻丝滑的彩色雪山。甜品工房你可以找到很多口味，打得很绵密，入口即化。

　　冰川拉面，算是很有噱头的一款。拉面和甜品，一下傻傻分不清。用日本的寒天粉加蓝色糖浆制成，晶莹剔透，颜色惹人爱。吃时可配底层的刨冰来吃，同时吃到双重口味，加上用白桃打成的酱汁，清新带甜香。

穀屋 house of flour

地址： 上海市碧波路635号上海传奇1楼105号铺
　　　（近张江地铁站）
电话： 021-5080 6230
交通： 公交张江1路、张南专线等，轨交2号线张江高科站

HOW
美食攻略地图

【TIPS】
店名的第一个字，它念：gu，和"谷"字是同一个意思。来了你就记住：进了穀屋，肚子会倍受鼓舞。

张江除了张江男以外,还有高级版有轨电车。咖啡店除了咖啡香以外,还有精致的手工蛋糕。这家店是对于理工男最好的概括。朴素的门面挡不住别具个性的内心装潢。传统的内容却会在不经意间华丽转身。

致命巧克力蛋糕,一听名字就知道得用"绳命"来尝味道。用蛋糕叉割开蛋糕的时候,就能感受到它的厚实。当你把蛋糕送入嘴里之后,还能清晰地看到叉子上余留下许多巧克力的痕迹,可见店家的不惜成本。

在尝蓝莓芝士蛋糕之前,得先用清水漱漱口,否则对于甜度稍弱的它貌似有些不太公平。但这款蛋糕的把握机会能力堪比足球场上的"小禁区王"范尼斯特鲁伊。每一颗蓝在在齿间被咬开的时候,每一口芝士蛋糕在舌尖融化的时候,你会有一种在吃一杯干的蓝莓奶昔的错觉。

vista-café（老码头店）

地址： 上海市外马路729号6楼
电话： 13818075432
交通： 公交65、576、736路等站

HOW
美食攻略地图

老码头是昔日外马路上废弃的大仓库蜕变而来的又一个上海滩的标签，外滩时尚聚集地。复古和现在的交错，就像黄浦江两岸的景色，历史沧桑的建筑对着滨江的摩登的时尚。

我喜欢在午后明媚的阳光，坐在Vista Café藤质沙发里，喝上一杯拉花咖啡；也喜欢在灯火阑珊的夜上海中，喝杯果汁吹吹江风。露台咖啡厅视野无比宽阔，将黄浦江一湾美景尽收眼底。

完美的地理优势，再配上美食，或许去过一次，你就变成常客。店主自己烘焙、现磨的各种拉花咖啡惟妙惟肖。闺蜜间可以是郁金香、爱心拉花，小情侣可以脸部形状的拉花，一杯在颜色亮丽杯子里的咖啡让你色香味具收。它家还有个三层的"甜品塔"，天鹅泡芙入口不油腻、草莓塔和芒果塔都是奶香味十足、最爱英式思康，介于面包和蛋糕之中，稍硬的口感。

【餐厅小八卦】
周杰伦《天台爱情》电影主要取景地在上海，上海发布会他"天台"梦想的回归的地点就在这家咖啡店，导演周杰伦让这场"天台"发布会变成了一场露天PARTY。

Maan coffee(金汇南路店)

地址：上海市金汇南路265号(近虹泉路)

电话：021-5422 2597

交通：公交764、931路等

HOW
美食攻略地图

【TIPS】
1、漫咖啡从早上9点开始营业，一直为你守护到凌晨2点。
2、如果希望能把Teddy熊带回家，可以让餐厅老板帮你从国外订做一只哟。
3、门口的车位有限，别让找个车位这事影响你的约会心情。
4、周末记得早点霸占好位置，否则很块就会挤得水泄不通。

在韩剧中，有许多邂逅在咖啡馆里的浪漫情节，让都市男女期许真实上演。或许也因此，咖啡馆成了上海滩谈情说爱、小资情侣们首选的地方了。在金汇路上，有一家被大家认为是魔都最有偶像剧感觉的咖啡馆叫漫咖啡。

路边独栋的2层木质结构的木屋，每一层都有让阳光洒满全身的落地大玻璃窗。走进店里，裸露的砖墙，满墙的书籍，还有餐厅里一些高至天花板的沧桑枯树，自然地融合在了一起，有点穿越到了偶像剧中的场景。

形形色色的泰迪熊是店里的一道风景线。在点单后，你会拿到一只等位熊。第一次还窃喜点单有礼物，后来才发现餐点送完是要和小熊SAY GOODBYE的。所以，在你美食新鲜出炉之前，要抓紧时间和可爱的Teddy熊合照。

【特别推荐】
华夫松饼
表皮被烤得微脆，如抹上一层焦糖色，咀嚼时，能感觉到除了厚实的质感，还带有QQ的感觉，浓郁的蛋香，浇上一层蜂蜜，甜蜜而浪漫

蜂蜜面包
身高拥有4cm的蜂蜜面包，三种酱，微甜的蜂蜜是最传统的口味，和Icream搭配是最经典搭配。不过你也可以试试我喜欢的蓝莓酱。面包内部的蜂窝状十分均匀，吃起来绵软适中

125

斯利美(五角场店)

地址： 上海市国济路28号2楼易品美食广场18,19单元

电话： 15900795830

交通： 公交55、99、749、819路等，轨交10号线
　　　 江湾体育场站

HOW
美食攻略地图

【 TIPS 】
冰化了就影响了这芒果冰的品质，我们建议您，从芒果削皮起一直到你吃完整份芒果冰，最好不要超过20分钟。

厦门除了小资文艺范儿的鼓浪屿让我们记忆外，你有没有发现，其实厦门应该也能算是一个美食无处不在的吃货天堂了。当你漫步在中山路步行街上时，你一定会发现，有一家吃芒果冰的店门口，永远会排着长队，这就是斯利美。如今斯利美已经有多家店遍布在上海的大街小巷，足不出"沪"，就能品尝到这道超好吃的超级芒果冰。

斯利美坚持用新鲜芒果现做现卖，加上独家特制的炼奶和芒果酱，使得整份芒果冰甜而不腻，入口时的那份感觉一定会让你难忘。一盘讲究真材实料的芒果冰，就用了至少2颗大而浑圆的大芒果，再淋上新鲜芒果酱、奶水、炼乳，就变成了一盘好吃的超级芒果冰了。

松饼假日(五角场店)

地址： 上海市大学路289号(近政民路)

电话： 021-3532 2100

交通：公交102、713、749路等，轨交10号线江湾体育场站

HOW
美食攻略地图

【TIPS】
记得要把枫糖浆淋在炸鸡上哦！

【特别推荐】
蓝莓松饼
美式的松饼分量是很大的，足足三层的喷香松饼上淋上了浓郁的蓝莓果酱。在松饼的"三楼"还放上了一块花朵状的黄油。在黄油慢慢融化的同时，用餐刀切开厚实的松饼，你还会意外地发现，店家在调制松饼面糊的时候已经放入了蓝莓果肉。这种"腹背受敌"的双层美食攻击，实在令人无力招架。

炸鸡华夫
这一个"罗密欧配祝英台"的组合，其实是传统的美式配搭。建议的吃法是将原本要倒在华夫上的枫糖浆淋在鸡腿上。你可能会怀疑这样的做法是否过于另类，但是要上第一口之后，就会佩服想出如此绝妙吃法的始作俑者。

松饼假日是一家主打各式松饼的美食地。松饼是面包的一种，和其他美食一样讲究色香味俱全，它可以和很多馅料搭配。外观治愈、口感松软的松饼玩味的就是视觉和味觉的碰撞。巧克力、核桃香蕉、田园风味等，肉桂苹果酱，层层饼体被通透的酱汁包裹，实在难挡扑面而来的诱惑，让人流连忘返。

Caffebene咖啡陪你

地址： 上海市邯郸路399号(近国定路)

电话： 021-6565 3350

交通：公交102、139、812路等，轨交10号线五角场站

HOW
美食攻略地图

哈韩的食客们会被韩星张根硕拿着咖啡杯和那句"请你咖啡"心动。

去五角场这家店，两层的空间人还不少。多元化的文化气氛，设有最低消费的独立的包房装修都不同。"先烘培后拼配"的方法，保证在最大程度上维持咖啡豆原有的口味。

店家推荐享受120%味道的方法

1.喜欢喝你自己的咖啡，你可以选择Single Origin Coffe。欧洲独有的咖啡，很纯。

2.还记得《罗马假日》里赫本手上的那雪糕吗？天然无色低热量的雪糕叫Gelato。跟华夫饼一起试试。

3.当你烦躁的时候，试试比利时华夫和法国早餐及饭后甜点。

【特别推荐】
全莓酸奶刨冰
韩式的刨冰比起台式的，还是有很大的不同。刨冰的颗粒会更大一些，也不会像台式刨冰加上很多果酱、炼乳。店家只是通过蓝莓和树莓本身的果味，以及酸奶冰淇淋的"协助"下，创造出了清爽口感的韩式刨冰。

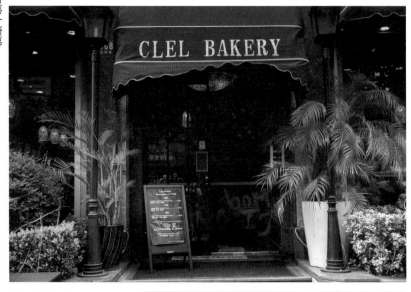

Clel Bakery

地址： 上海市凤阳路568号(近大田路)
电话： 021-6258 1622
交通：公交20、36、37、921、933路等

欧式简装风格我很喜欢，服务员服务也可以，菜嘛就一般般啦，是个适合让人消磨时间的地方。店内的意面还是做得不错的，中午的套餐也比较合算。店里的几款特调冰茶，还有一款南非茶叶，也都不错。我个人很喜欢，总体评鉴还可以吧。店家还有待于改进菜和饮料单，应该增加几款鸡尾酒无酒精的也好。

环境很好，有披萨意大利面、三明治吃，还有一款rooibos茶，听店员介绍是南非的国宝茶，然后点了杯挺好喝的，强烈推荐一下。奶油面也很赞。店面不大，外国人很多，门口能抽烟，但里面不行。总体来说下午茶、聚会、约会，都挺不错。最近还打折，下班就会过去坐坐，吹吹空调喝杯茶……

133

2012年1月2日,《吃遍上海滩》节目诞生了。节目开设之初,我们是摸着石子过河的,有幸得到了上海东方广播有限公司众多领导和同事的支持和帮助。不仅为我们提供了不少餐饮行业的沟通渠道,还给节目输送了许多美食信息。因此,能在节目的起步阶段就获得SMG总裁奖绝对离不开大家的鼓励。两年之后说总结也好,说展望也行,有了这一本让我们创作了很久的作品——图书版的《吃遍上海滩》。不但有很多在做节目过程中结识的餐饮界的老朋友出力出菜,使书中图片令人眼前一亮;而且从拍摄、印刷直至出版,无数热心的新朋友群策群力,让它如约而至,捧在了你的手心。做菜最重要的是火候,急火快炒的只是排档,慢火细炖的方为上品。节目亦是如此,出一本图书更是如此。网上盗图,凑字而成的是过眼云烟般的杂志,而每一家都亲自到店拍摄,只言片语皆是精心总结的,它称之为:《吃遍上海滩》。

晓 辰

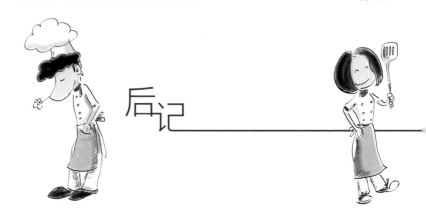

后记

当我看到最后一页设计稿的时候,有种孕育的娃娃就要诞生的感觉。话说摩羯座的我算是计划性很强的人,可我的人生中总会出现让人"意外"的奇妙之举。比如7天的闪婚,比如一顿饭局创造出的"写书"想法。我很感恩,这般冲动的结局总让人收获满足。

我常说:我是个不会下厨的美食主播,但是我和你们一样都爱吃。遭人嫉妒的"吃不胖"或许就是当初领导让我主持"吃遍上海滩"的缘由。我很庆幸,每天中午11点和爱吃家族的每个你,一起说美食都口水嗒嗒滴。现在看美食,是否会更添馋呢?如果你给个YES,我一定会回你个SMILE(我们的文章不一定写得最诱人,但我保证每一家都试吃高分才为你推荐的)

有人曾说,最美的事不是留住时光,而是留住记忆。《吃遍上海滩》定会是我记忆里美好的那个片段。或许你看到的作者只有我和晓辰两个名字,但是这本书的过程里有太多好友的鼎力帮助支持!谢谢MISSAC特别提供美美的衣服让我们出镜;谢谢插画师嘀嘀吧吧唔唔给了我们卡通系列美图;谢谢"娱乐圈"的哥哥姐姐们,让我们的书星光闪耀;谢谢美食界的姐妹淘们,贡献出压箱底的私房好店;谢谢出版界的才子佳人,把《吃遍上海滩》熏出了书香;谢谢那还未点名的你……

我们节目里有个片花说道:当吃货们在一起,就是世界上最幸福的事!我们的美食之约,未完待续……

颖 子

图书在版编目（CIP）数据

吃遍上海滩 / 晓辰, 颖子编著. -- 上海：文汇出版社, 2014.1

ISBN 978-7-5496-1088-4

Ⅰ.①吃… Ⅱ.①晓… ②颖… Ⅲ.①饮食－文化－上海市 Ⅳ.①TS971

中国版本图书馆CIP数据核字(2014)第008105号

吃遍上海滩

作　者 / 颖　子　晓　辰

责任编辑 / 乐渭琦

特约摄影 / 钟　麒

装帧设计 / 李　俊

出 版 人 / 桂国强

特别企划 / 张　衍　伍贤雯

策　　划 / 上海炎传文化传播有限公司

出版发行 / **文匯**出版社

　　　　　上海市威海路755号

　　　　　（邮政编码200041）

经　　销 / 全国新华书店

印刷装订 / 上海锦佳印刷有限公司

版　次 / 2014年1月第1版

印　次 / 2014年1月第1次印刷

开　本 / 889×1194　1/32

字　数 / 28千

印　张 / 4.5

书　号 / ISBN 978-7-5496-1088-4

定　价 / 26.00元